Lazare Weiller

La Suppression
des distances

Techniques

ISBN : 978-1724440075

10 9 8 7 6 5 4 3 2 1

Lazare Weiller

La Suppression des distances

Techniques

Table de Matières

Section I   7

Section II   10

Section III   12

Section IV   16

Section V   24

Section VI   27

Section VII   34

La télégraphie et la téléphonie sont, aujourd'hui, tellement entrées dans nos habitudes, qu'on a peine à concevoir une société organisée sans ces moyens de communication. Cependant, les personnes qui sont nées dans le premier quart de ce siècle ont connu une époque où la télégraphie n'existait pas, et c'est seulement depuis la guerre de 1870 que la téléphonie a vu le jour. On peut donc évoquer le souvenir d'un temps où les conditions économiques de la vie étaient, au point de vue des rapports de ville à ville et de pays à pays, peu différentes de ce qu'elles étaient dans un passé lointain.

Le progrès, en cette matière, a été d'une lenteur extrême. Il s'est, en quelque sorte, manifesté tout à coup ; depuis, il a marché à pas de géant.

Les chemins de fer, la navigation à vapeur, la télégraphie terrestre et sous-marine et, plus récemment, le téléphone, ont rapproché les distances, rendu le monde plus petit, et ramené déjà à portée de la voie humaine des distances de 1 000 kilomètres. La parole franchira-t-elle bientôt les océans, comme elle franchit la Manche, et deux personnes placées des deux côtés de l'Atlantique arriveront-elles à pouvoir s'entendre parler réciproquement et se voir ? Il n'est pas téméraire de penser que le problème de la transmission des sons, comme celui de la transmission de la vision à distance seront bientôt résolus et que la voix ainsi que l'image pourra se reproduire instantanément au-delà des mers, comme les signaux de la télégraphie.

C'est la dernière étape qui reste à franchir.

Section I

Un officier allemand, le major Bauchrœder, publia à Hanau, en 1795, un *Traité des Signaux*, dans lequel il dit que la tour de Babel fut édifiée pour établir un centre de communication entre les peuples. L'assertion était hasardeuse. Il n'en est pas moins vrai que l'art des signaux est vieux comme le monde.

L'ancienne Grèce fut couverte de phares et de feux servant de signaux, le jour, par la fumée, la1 nuit, par leur éclat lumineux. Ces faits ont laissé derrière eux de nombreux témoignages. Annibal fit construire des tours d'observation en Afrique et en Espagne, donnant ainsi un exemple qui fut suivi par les Romains. Un bas-relief de la colonne Trajane montre l'installation d'un poste de signaux. Les Arabes et les Chinois connurent aussi ces procédés de communication. La télégraphie optique, remise en honneur de nos jours pour le service des armées en campagne, était pratiquée, dit-on, en Chine depuis des milliers d'années.

Robert Hooke inventa en 1664 un système de signaux formés de planches de diverses formes, dont la combinaison donnait certaines phrases. C'est le système sémaphorique, aujourd'hui en usage sur les côtes.

Quel chemin parcouru depuis la séance de la Convention où fut décrété l'essai de l'invention de Claude Chappe, à qui la troisième République a élevé une statue !

Les Chappe étaient cinq frères qui se vouèrent tous aux progrès de la télégraphie que Claude avait imaginée, et qui, successivement, furent administrateurs des lignes télégraphiques. Par une singulière ironie du sort et par une injustice à laquelle la politique des partis nous a, depuis longtemps, habitués, les deux derniers frères, René et Abraham, furent destitués lors de la Révolution de 1830, parce qu'ils avaient refusé de transmettre aux départements les dépêches du gouvernement provisoire.

Aussi bien, pendant cette première période de la télégraphie, n'était-il venu à personne l'idée que le télégraphe pût être autre chose qu'un instrument de gouvernement. La généralisation de son emploi fut demandée, pour la première fois, en 1830, par un officier d'état-major, qui publia, à Montpellier, un mémoire, où il émit l'opinion que le télégraphe pourrait favoriser les transactions, s'il était mis à la disposition des particuliers. Cette idée parut si étrange qu'elle ne fut reprise et soumise à l'Assemblée Nationale que dix-neuf ans plus tard. Elle fut repoussée, et son auteur reçut du ministre de l'Intérieur une semonce publique. On se contenta de décider la transmission journalière dans les principales villes de France, des cours du 3 pour 100, du 5 pour 100 et des actions de la Banque de France.

Cependant, à la faveur des travaux d'Œrstedt, d'Arago, de Wheatstone et de Davy, la télégraphie électrique avait pris naissance et, en 1844, sous l'influence d'Arago, une commission, dont faisaient partie Pouillet et Becquerel, fut nommée, par le ministre de l'Intérieur, pour en étudier l'application. L'organisation de ses services et la création d'un réseau complet, reliant Paris à tous les chefs-lieux, datent de 1852.

Il était intéressant de rappeler ces souvenirs, déjà lointains, pour marquer les débuts d'un des grands services de l'Etat qui depuis, aussi bien dans notre pays que chez les autres nations, a pris une importance sans cesse croissante. Il est bon aussi, dans une étude sur les transmissions rapides de la pensée écrite ou parlée, de montrer qu'à l'origine des travaux qui ont révolutionné le monde entier, c'est un Français qui marche à l'avant-garde. Si Claude Chappe n'est pas le fondateur de la télégraphie électrique, il est le promoteur de la télégraphie sans épithète. Il fut un précurseur, et c'est un devoir de ne pas oublier cette famille, qui mérita bien de la science et de la patrie. Pendant quarante années, les frères Chappe furent à la tête de l'administration des télégraphes, dont Claude, l'aîné, avait prévu l'influence future, lorsqu'il écrivait « qu'il est de la gloire de la grande nation de ne laisser rien à faire pour le perfectionnement d'une découverte dont elle se glorifie. » Si, plus tard, les travaux de perfectionnement de la télégraphie électrique ont trouvé de précieux auxiliaires dans des inventeurs de diverses nations, Morse, Wheatstone, Hughes, etc., c'est encore à un Français, M. Baudot, qu'on doit l'appareil avec lequel la capacité de transmission d'un fil de ligne est portée à son maximum.

Depuis 1852, nous avons fait du chemin. Rien qu'en France, le nombre de lignes, qui représentait à cette époque 2 133 kilomètres, correspondait en 1894 au chiffre de 93 829. Ces lignes représentent actuellement une longueur de 317 724 kilomètres. Elles ont transmis l'année dernière 42 718 337 dépêches intérieures et 2 563 436 télégrammes internationaux, soit un total de plus de 45 millions de dépêches pour l'année. Le produit des taxes s'est élevé à 31 513 255 francs, contre 76 722 francs, montant des taxes de 1851. Il faut, en outre, remarquer que la moyenne du prix d'un télégramme, à l'époque du coup d'Etat, était de 8 fr. 51 et que cette moyenne est tombée aujourd'hui à 0 fr. 88. On se rend ainsi compte de la progression suivie pendant quarante années dans le mouvement des correspondances télégraphiques terrestres ; la comparaison ne peut manquer de donner lieu à de curieuses réflexions.

Section II

De même que l'idée de la télégraphie électrique avait été suggérée par une sorte de divination, plutôt que par un travail scientifique raisonné, et cela plusieurs années avant l'époque à laquelle elle a été pratiquement appliquée, de même l'idée de transmettre le son entre deux cornets acoustiques réunis par un fil précéda, de longtemps, la découverte du téléphone.

L'appareil qu'on appelle le téléphone à ficelle remonte à la fin du XVIIe siècle. Il fut inventé par un Anglais, nommé Robert Hooke, déjà cité au cours de cette étude, mais il fut presque aussitôt délaissé. Robert Hooke écrivait en 1667 : « Il n'est pas impossible d'entendre un bruit à grande distance, car on y est déjà parvenu, et l'on pourrait même décupler cette distance, sans qu'on puisse taxer la chose d'impossible… Je puis affirmer qu'en employant un fil tendu, j'ai pu transmettre instantanément le son à une grande distance et avec une vitesse, sinon aussi rapide que celle de la lumière, du moins incomparablement plus grande que celle du son dans l'air. Cette transmission peut être effectuée, non seulement avec le fil tendu en ligne droite, mais encore quand ce fil présente plusieurs coudes. »

C'est encore à un Français qu'on doit d'avoir dégagé cette idée de l'oubli dans lequel elle se trouvait.

Un ingénieur, nommé Charles Bourseul, publia en 1854, dans les *Annales télégraphiques*, une notice très succincte sur un appareil téléphonique. Mais l'heure de la téléphonie n'avait pas encore sonné. Comme le précédent, l'appareil de Bourseul fut complètement oublié jusqu'en 1861. A celte époque, Reiss fit des essais dont le résultat ne fut pas encore décisif.

Le comte du Moncel raconte que, jusqu'en 1854, personne n'aurait osé admettre la possibilité de la transmission de la parole à distance et que, lorsque parut la note de Bourseul, son idée fut regardée, par tout le monde et par lui-même, comme un rêve fantastique. Cette note contient les phrases suivantes : « Après les merveilleux télégraphes qui peuvent reproduire à distance l'écriture de tel ou tel individu, et même les dessins plus ou moins compliqués, il semblerait impossible d'aller plus en avant dans les régions du merveilleux. Essayons, cependant, de faire quelques pas de plus encore. Je me suis demandé, par exemple, *si la parole elle-même ne pourrait pas être transmise par l'électricité ; en un mot, si l'on ne pourrait pas parler à Vienne et se faire entendre à Paris.*

« La chose est praticable et voici comment :… Imaginons qu'on parle près d'une plaque mobile, assez flexible pour ne perdre aucune des vibrations produites par la voix, que cette plaque établisse et interrompe successivement la communication avec une pile, vous pourrez avoir, à distance, une autre plaque qui exécutera, en même temps, les mêmes vibrations…

« J'ai commencé des expériences à cet égard ; elles sont délicates et exigent de la patience et du temps, mais les approximations obtenues font entrevoir un résultat favorable. »

La priorité de l'idée du téléphone appartient donc bien à Charles Bourseul.

On sait avec quelle rapidité, à la faveur des études électriques nouvelles, la téléphonie a conquis, dans le monde entier, son droit de cité. Cette invention était à ce point dans l'air, si l'on peut s'exprimer ainsi, que, *le même jour*, le 14 février 1876, deux Américains, Graham Bell, de Boston, et Elisha Gray, de Chicago, déposaient simultanément une demande de brevet au bureau des patentes de Washington. Un mois avant, jour pour jour, Edison avait demandé une protection provisoire pour un appareil analogue ! C'est une date qu'il faut se rappeler, car elle marque l'origine d'une ère nouvelle dans l'histoire des communications à grande distance.

Le développement des communications téléphoniques n'aurait certainement pas été aussi considérable, si ce curieux appareil n'avait été complété par un instrument, non moins intéressant, dont MM. Hughes et Edison se sont disputé la paternité, qui paraît acquise à M. Hughes. Nous voulons parler du *microphone*. Déjà, en 1865, un savant ingénieur du corps des télégraphes français, M. Clérac, avait étudié les différences de résistance électrique que produit, dans un circuit télégraphique, l'introduction de particules de plombagine. Ces expériences contenaient en germe l'invention du microphone ;

Comme son nom l'indique, cet appareil a pour objet de rendre perceptibles, à distance, les sons les plus légers : le tic tac d'une montre, le frottement d'une plume, les pas d'une mouche et même, suivant M. Hughes, *son cri de mort.* Cette sensibilité dans la transmission des bruits légers est obtenue généralement par l'interposition, dans le circuit téléphonique, de baguettes, de pastilles ou de granules de graphite disposés de diverses façons et qui ont la propriété d'augmenter considérablement l'intensité du son. La disposition la plus usitée en France est celle de MM. Ader et Berthon.

Dès les premiers pas faits par la téléphonie, les esprits clairvoyants devinèrent le rôle considérable qu'elle était appelée à jouer dans la vie sociale et politique. En France, c'est à la Société générale des Téléphones et à ses fondateurs que revient l'honneur d'avoir organisé la téléphonie en service public, malgré les défectuosités du début, la routine, l'hostilité de certains, et la neutralité plus ou moins bienveillante du gouvernement, qui suivait, d'un œil jaloux, les progrès de la nouvelle industrie. Il m'appartient moins qu'à tout autre de revenir sur un sujet qui a été fécond en polémiques et en revendications énergiques.

Aujourd'hui, en France, la téléphonie est un service d'État, au même titre que la poste et la télégraphie. Limitée, tout d'abord, à l'exploitation urbaine, la téléphonie s'est petit à petit étendue aux villes voisines. Elle a réuni, plus tard, les points les plus éloignés de notre territoire et, enfin, franchi les frontières.

Si le rêve de Bourseul, « la communication verbale entre Paris et Vienne, » n'est pas encore réalisé, il n'y a plus de doute sur sa possibilité technique. Paris et Londres, Paris et Bruxelles, New-York et Chicago, Merlin et Rome, réseau dont il est à peine besoin de souligner l'intérêt politique, sont, depuis plusieurs années, reliés entre eux, et ce mode de communication a eu un tel succès, que les lignes primitives ont été rapidement insuffisantes, et qu'il a fallu en créer de nouvelles. Un réseau d'ensemble a été étudié pour toute la France ; il est aujourd'hui en grande partie achevé.

Section III

Une circonstance particulière a favorisé les progrès de la

téléphonie. Certains savants entrevoient la possibilité de communications électriques, télégraphiques ou téléphoniques, entre des points non reliés par un lien matériel. L'avenir nous dira si cette idée, qui a été préconisée par des savants éminents (M. Preece, par exemple), peut donner un résultat pratique, et être autre chose qu'une curiosité scientifique. Jusqu'à présent, il a fallu, entre les points en correspondance, une liaison effective, un conducteur canalisant les vibrations électriques qui véhiculent les signaux ou la parole. Ce lien a été pour le télégraphe, faute de mieux, formé par le fil de fer, matière assez mauvaise conductrice de l'électricité, facilement altérable et destructible, mais d'un emploi économique.

Dans la série des métaux bons conducteurs de l'électricité, le fer ou l'acier occupent une place médiocre, loin, bien loin derrière l'argent et le cuivre. De l'argent, il n'en faut point parler. Dans le pays le plus honnête du monde, il ne resterait pas un mètre de fil sur les poteaux, si le gouvernement était assez riche pour se payer des lignes en argent. Il est déjà assez difficile de sauver de la déprédation le cuivre, métal moins aristocratique, mais tentant tout de même. Aussi, pendant longtemps, soit que les lignes ne fussent pas suffisamment protégées, soit, plutôt, parce qu'on ne savait pas travailler le cuivre de façon à le rendre plus résistant, sans rien lui enlever de ses qualités conductrices, on a complètement négligé le concours précieux de ce métal, sans lequel on peut affirmer que la téléphonie n'existerait pas.

Elle ne peut se contenter, en effet, d'une canalisation aussi médiocre que la télégraphie et, sans parler de l'inertie magnétique que le fer oppose à la transmission des vibrations téléphoniques, le calcul montre que, si un simple fil de fer de deux millimètres d'épaisseur peut suffire pour transmettre les signaux télégraphiques à plusieurs centaines de kilomètres, il faudrait de véritables barres d'acier pour transmettre, à la même distance, la parole téléphonique. Cette obligation aurait, à elle seule, rendu la canalisation des vibrations téléphoniques absolument impossible. Au contraire, avec le bronze, ou avec le cuivre chimiquement pur et sans aucune trace de corps étrangers, tel qu'on sait le préparer aujourd'hui par les procédés électrolytiques, on arrive à obtenir un métal aussi bon conducteur que l'argent lui-même, et d'un prix qui n'est pas un obstacle à l'économie des installations. Aussi la téléphonie interurbaine et internationale a-t-elle pris rapidement, dans tous les pays, un développement que justifient des besoins de communication sans cesse croissants.

Paris a été relié avec Bruxelles et avec Londres, et le trafic a été si intense sur ces deux lignes, qu'il a fallu les doubler, les tripler, les décupler après un temps très court. Marseille, qui est, en France, le point le plus éloigné de Paris, dans l'état des communications téléphoniques actuelles, donne également lieu à des communications si nombreuses qu'il a fallu créer une ligne spéciale pour Lyon.

Toutes ces lignes sont formées de deux fils de grosseur variable avec la distance. Un seul fil ne suffirait pas pour soustraire la transmission de la voix à l'influence fâcheuse des agents extérieurs, de l'électricité de l'atmosphère, et du courant qui circule dans les fils télégraphiques voisins. Cette action, dite inductive, se manifeste par des bruissements, auxquels on a donné le nom caractéristique de « friture », qui se superposent aux émissions de la voix et en masquent la netteté, s'ils ne la suppriment pas absolument. Le remède est à côté du mal ; il consiste à doubler le fil et à fermer ainsi la ligne par un retour qui neutralise les effets de l'induction. Ce remède est efficace, mais il n'est pas absolument économique. Doubler une ligne de cuivre n'est pas toujours une dépense insignifiante ; quelques chiffres permettent de s'en rendre compte.

La ligne de Paris à Bruxelles a environ 330 kilomètres de longueur. Elle est formée de deux fils de cuivre, de 3 millimètres de diamètre, dont le kilomètre pèse environ 63 kilos. Le poids total des 330 kilomètres est donc de 21 000 kilos environ et, au prix où est le fil de cuivre (1 fr. 70 le kilo approximativement), on voit qu'il n'est pas indifférent d'avoir à en employer 42 tonnes au lieu de 21. C'est, *a fortiori*, plus sensible comme dépense pour une ligne comme celle de Paris-Marseille qui, en tenant compte de la distance, des détours et des dénivellations subies par la ligne, ne comporte pas beaucoup moins de 2 000 kilomètres de fil aller et retour. Ce fil est plus gros que celui de Paris-Bruxelles. Il a un diamètre de 4mm, 5 et pèse 142 kilos le kilomètre La ligne double tout entière n'emploie donc pas beaucoup moins de 300 tonnes de fil. On voit, par conséquent, que, si la téléphonie est, commercialement parlant, une bonne affaire pour l'Etat, elle exige une mise de fonds importante, puisque le conducteur seul, — sans compter son installation, les poteaux qui le supportent, les appareils, le transport de tout le matériel et les frais généraux, — coûte déjà près d'un demi-million pour une distance de 1 000 kilomètres à franchir.

Quoi de plus léger, en apparence, que ces fils ténus, courant le long des voies ferrées, et dans la masse desquels, comme en autant de canaux, se transportent les ondes électriques ! L'œil les distingue à peine à quelque distance, et l'on a du mal à se figurer, si on ne se livre pas à un calcul précis, que leur poids soit, en définitive, celui qu'on annonce. Le seul fil de la ligne Paris-Marseille correspond au chargement de 30 wagons de marchandises. Il n'est donc pas surprenant qu'avec les progrès gigantesques des applications de l'électricité, l'industrie ait vu se créer, depuis vingt ans, des usines considérables pour le laminage et le tréfilage du cuivre. Ces usines sont des plus prospères, leur production ne cesse de s'accroître et s'accroîtra certainement encore pendant de longues années.

La chose est d'autant plus digne de remarque, que le cuivre a ce grand avantage sur le fer, qu'il ne s'use, pour ainsi dire, pas. Le fer se rouille, malgré la galvanisation dont on le protège ; la moindre piqûre, dans le vernis de zinc dont on le revêt, laisse à l'humidité un passage qui s'accroît rapidement, s'attaque à la surface vive du métal, la corrode, la ronge et la fait bientôt tomber en poussière. La conservation du cuivre, presque indéfinie, est assurée partout où il n'a pas à souffrir de fumées sulfureuses. Ces fumées résultent souvent de la combustion de houilles contenant des pyrites. C'est un cas exceptionnel, auquel on est exposé principalement dans les lieux mal aérés où les fumées ne sont pas rapidement balayées, tels que les tunnels. Mais les lignes de cuivre résistent longtemps, presque indéfiniment. En refondant les fils et en affinant le cuivre qui en résulte, on est presque assuré de n'avoir à subir aucun déchet de matière. Le cuivre est donc un auxiliaire très précieux pour les canalisations électriques.

Si le conducteur de cuivre a rendu la téléphonie interurbaine possible, on peut également dire que, sans lui, la télégraphie sous-marine n'aurait pas existé. Ici, la question de la canalisation prend une importance toute particulière, tant à cause des immenses espaces à franchir, qu'en raison des soins que demande la canalisation, et des intérêts financiers considérables qu'elle met en jeu.

Section IV

On imagine difficilement le nombre des causes de détérioration auxquelles sont exposées les lignes électriques. Dans l'homme et l'insecte, elles ont trouvé des ennemis implacables. Le règne végétal lui-même en fournit un certain nombre, tels que les champignons et autres excroissances parasitaires. N'oublions pas les agents météorologiques : la chaleur, la sécheresse, l'humidité, la pluie, l'oxygène de l'air, l'électricité atmosphérique, la foudre. En procédant à l'entretien des lignes électriques, on retrouve chacun de ces ennemis aux prises avec les moyens de lutte imaginés contre lui.

Mais ce qu'il faut retenir, c'est que l'homme se trouve placé en tête de cette armée malfaisante. Plus particulièrement dans les pays nouveaux, il s'obstine à ne pas comprendre que l'établissement du télégraphe est un bienfait qui améliore les relations sociales et facilite les transactions.

Ce n'est pas seulement dans les régions nouvellement ouvertes à la civilisation, où l'homme est encore une sorte de sauvage, que le télégraphe trouve ses ennemis les plus acharnés. Il semble qu'un malin besoin de destruction existe au fond du cœur humain. Seul ennemi conscient des lignes, il s'attaque à toutes leurs parties sans exception. En France, et dans la plupart des pays d'Europe, ce sont surtout les isolateurs qui attirent les regards par leur blancheur éclatante. Les pierres, les coups de feu, les détruisent à l'envi, et il n'est pas rare de voir des lignes entières, où chaque poteau porte la trace de ces attaques. Les moyens prohibitifs pour combattre ces actes de vandalisme étant impuissants, on a dû se résoudre à des moyens de protection très coûteux, tels que les isolateurs blindés, et les isolateurs colorés en brun, dont l'apparence excite moins la tentation que celle des isolateurs blancs. Ce petit fait porte en lui une leçon de psychologie qu'il est intéressant de signaler.

Dans les pays nouveaux, l'action destructive se donne librement carrière. Le télégraphe étant, au premier chef, un instrument de conquête matérielle et morale, on devait s'attendre à de fréquentes tentatives dirigées contre lui par les populations conquises. La difficulté de surveiller les lignes donne beau jeu à leurs ennemis : un fil est si vite coupé, un poteau si rapidement jeté à terre ! Mais ce n'est cependant pas à une hostilité particulière au télégraphe qu'il faut attribuer les plus fréquentes attaques dont il est l'objet. Les lignes aériennes se composent de trois éléments adaptables aux nécessités d'un ménage rudimentaire. Les isolateurs renversés forment des récipients, grossiers sans doute, mais inespérés, pour les Arabes, grands amateurs de café, mais peu riches en tasses. Plus recherchés sont encore les fils de ligne. S'ils sont en fer, les usages auxquels on peut les appliquer sont innombrables : ornements, armes, liens, clôtures, etc. S'ils sont en cuivre, la coquetterie des naturels de certains pays les transforme en bagues, bracelets et bijoux de toute sorte. Dans l'Inde, où les fils de laiton, coupés en courtes tiges, forment une monnaie courante, les fils des lignes de cuivre risqueraient fort d'être volés pour cet usage, si la couleur du métal n'était très vite ternie par les poussières de l'air, et si, d'ailleurs, le faible diamètre de ces fils n'empêchait de la distinguer.

Les poteaux en bois ont mainte utilité : on peut les brûler pour se chauffer ou faire sa cuisine. On les emploie aussi pour la construction. Quant aux poteaux en fer, quelle bonne fortune, s'ils sont tubulaires, comme ceux qu'on a employés en Asie Mineure, en Egypte et en Perse ! Voilà une conduite d'eau toute trouvée. Dans les Indes, et surtout dans le Mekrân, où l'on a employé des poteaux tubulaires analogues aux poteaux d'Asie, les gens du pays s'emparaient du paratonnerre en fer forgé qui les surmonte pour en faire une arme en le fixant à l'extrémité d'un bambou ; il a fallu le river au poteau.

Les déprédations télégraphiques s'exercent quelquefois d'une façon naïve. Tel est le cas de ce paysan annamite qui, après avoir enlevé les fils de fer pour les approprier à ses besoins personnels, les avait consciencieusement remplacés, entre les poteaux, par de longs bambous liés ensemble, afin que la ligne pût toujours fonctionner.

Le fanatisme se met souvent de la partie. En Chine, lorsqu'on a voulu construire les premières lignes télégraphiques aériennes, on s'est heurté à une hostilité invincible de la part des populations. On sait de quelle vénération est entouré le culte des ancêtres. Il n'y a pas de cimetière en Chine. Chaque famille garde ses morts et les enterre autour de la demeure commune, dans le jardin qui l'entoure. On rencontre des sépultures à chaque pas. Or, laisser tomber une ombre sur la tombe d'un ancêtre est considéré comme une suprême injure, cette ombre fût-elle celle d'un fil télégraphique. C'est en vertu de ce sentiment, profondément enraciné dans le cœur des Chinois, que les premières lignes furent détruites sans que les autorités osassent chercher un moyen de répression. Les compagnies télégraphiques ne se tirèrent d'affaire qu'en renonçant dans le voisinage des tombeaux aux lignes aériennes et en employant des lignes souterraines.

Les agents atmosphériques, l'air, la chaleur et l'humidité, exercent une action destructive très rapide sur les fils des lignes. Les fils de fer sont corrodés par la rouille, même lorsqu'ils sont protégés par une galvanisation superficielle. Le moindre choc qui détache un morceau de la pellicule protectrice détermine un foyer d'oxydation qui atteint bientôt toute la masse du fil. Les fumées qui se trouvent dans l'air, surtout dans les régions industrielles, les vapeurs salines au bord de la mer, activent cette corrosion. Aussi une part du succès qu'ont obtenu les lignes de cuivre tient-elle à la résistance que ce métal oppose aux influences destructives de l'air et du temps.

Fils de fer ou de cuivre, les fils de ligne sont fréquemment détruits au cours de l'hiver par l'accumulation de verglas qui se produit sur eux et les entoure souvent de manchons de glace plus gros que le bras. Le froid lui-même, en dehors de toute production de glace, peut faire rompre les lignes, lorsque la tension d'un fil, établi pendant la belle saison, n'a pas été calculée de façon à tenir compte de la contraction du fil. Aussi, dans les pays froids, a-t-on fréquemment à constater des ruptures de fils. Ces ruptures sont d'autant plus à craindre dans les pays du nord de l'Europe que, pendant la saison froide, la nuit est presque ininterrompue ; la réparation des lignes constitue une opération pénible et périlleuse.

En Norvège, où les lignes télégraphiques atteignent la plus haute latitude, il y a, dans la partie qui s'étend de Tromsœ au Cap Nord, un réseau télégraphique dont la longueur atteint 2 000 kilomètres, tandis que la distance totale à vol d'oiseau des villes à relier n'en atteint pas mille. Ces lignes se développent en contournant les nombreuses sinuosités dont les fiords dentellent les côtes. Elles traversent un pays couvert seulement de maigres bouleaux et de pierres, sans voies de communication, où le fil télégraphique est le meilleur guide que le voyageur ait à suivre. Sur le parcours de ces lignes inhabitées, un certain nombre de cabanes sont construites pour donner abri au malheureux télégraphiste qui, soudainement, au milieu d'une épaisse obscurité et par des froids extrêmement rigoureux, est obligé de partir sur la neige pour aller réparer une ligne rompue. Ces cabanes qui offrent aussi un asile au voyageur (nous avons été heureux d'en user), contiennent un lit de camp, le matériel nécessaire aux réparations, et quelques ustensiles de cuisine. Il n'est pas rare que des bourrasques de neige détruisent même ces refuges.

Les poteaux en bois sont soumis aux diverses causes de destruction qui agissent sur les autres bois. Ils ne résistent qu'un certain temps. La pluie et même l'humidité pénètrent les bois, dissolvent les corps antiseptiques et les rendent plus accessibles à toutes les causes de destruction. L'eau s'introduit dans les canaux du bois et les remplit petit à petit du haut au bas du poteau.

La sécheresse facilite l'action ultérieure de la pluie en déterminant des fentes longitudinales à la surface du poteau.

Le contact du sol agit également par son humidité ; il agit aussi par tes matières minérales et végétales que contient le sol et qui peuvent occasionner des réactions chimiques avec les imprégnations antiseptiques des poteaux. C'est ainsi que les terrains calcaires donnent lieu à la production de bicarbonate de chaux qui réagit sur le sulfate de cuivre et le fait disparaître du pied du poteau. Cette action est si nette que le seul fait d'être planté au voisinage d'un massif de maçonnerie accélère la pourriture des poteaux. Les sols riches en débris organiques facilitent également la pourriture du bois.

Lorsque le bois est attaqué par la pourriture humide, on voit se développer en même temps, à sa surface, des champignons dont l'espèce varie suivant l'essence. Le champignon du pin et du sapin, essences employées le plus ordinairement pour les poteaux, porte le nom de mérule (*Merulus destruens ou lacrymans*). Il se manifeste sur la partie du poteau tournée vers le nord, c'est-à-dire du côté le plus humide et le moins exposé à la lumière, sous la forme de longs filaments blancs qui remplissent les fentes du poteau, se développent avec rapidité dans le sol environnant, puis se réunissent en une masse molle, compacte, d'où suinte un liquide incolore. Ce champignon, qui se développe sur tous les bois, et qui, à l'état de maturité, forme des masses brunes de 25 à 30 centimètres de circonférence, reste généralement sur les poteaux à l'état de *mycelium*, c'est-à-dire de filaments, qui envahissent graduellement la masse du bois, en se logeant dans les moindres fentes, la pénètrent tout entière, et s'étendent dans le sol en largeur et en profondeur.

Né de la pourriture, ce champignon l'accélère à son tour. Il détermine une sorte de contagion qui se propage avec rapidité, soit par contact, soit à distance, les spores étant transportées par la pluie et le vent.

De profonds ravages sont également causés dans les bois par les insectes. Ceux-ci exercent leur action destructive tantôt à l'état de larves, tantôt à leur état définitif, soit isolément, soit en colonies. Parmi ceux qui attaquent les bois avec le plus d'activité figure le scolyte destructeur, petit coléoptère dont la femelle perce les écorces, creuse une galerie dans le bois et y dépose ses œufs à la suite les uns des autres. Les œufs éclosent et donnent naissance à des larves qui se nourrissent du liber et de l'aubier, en perçant, de part et d'autre de la galerie initiale, une série de galeries rayonnantes. Arrivées au dehors et transformées en insectes parfaits, elles s'accouplent, et, après la fécondation, pénètrent de nouveau dans le bois, à l'exemple de leur mère. Les bois morts, tels que les poteaux, sont plus facilement attaqués que les bois vivants, car, sur ceux-ci, il arrive fréquemment que les scolytes sont noyés par l'afflux de la sève au moment du printemps.

Le cossus et le *zeuzera* sont deux papillons dont les larves se nourrissent de la matière même du bois.

Le termite figure parmi les plus redoutables ennemis du bois. Son action est très difficile à combattre, et, comme il attaque la masse des bois en laissant la surface intacte, on ne s'aperçoit de son œuvre que lorsque le mal est sans remède. D'ailleurs, les lavages et les enduits à la chaux sont sans effet sur lui. Le termite est très commun dans l'intérieur et au sud de l'Afrique. On le rencontre dans le midi et l'ouest de la France.

Un petit crustacé, de 4 millimètres de long, le *Limnoria terebrans*, est plus dangereux que le taret qui, lui, n'attaque les bois que dans l'eau, en ce qu'il les attaque non seulement dans l'eau claire ou trouble, mais même dans les remblais humides. Toutes les essences de bois sont la proie de ce petit crustacé. Seul l'*Euca-lyptus rostrata* échappe à ses attaques. A côté des détériorations qui sont la conséquence du temps, de la vétusté, de l'action des insectes et des champignons, il en est d'autres qui sont le fait d'animaux et qui se produisent dans des conditions souvent bizarres.

A l'exposition d'électricité, à Paris, en 1881, on pouvait voir, dans la section norvégienne, des poteaux en bois percés, près de leur sommet, d'un trou les traversant de part en part. Ces trous sont l'œuvre d'un oiseau, le pic noir et vert, qui se nourrit d'insectes vivant sous l'écorce des arbres en décomposition. La vibration des fils fait sans doute supposer à l'oiseau qu'elle est due à la présence des insectes. Il attaque le poteau de son bec puissant et finit par le percer de trous qui ont jusqu'à 7 centimètres de diamètre. Ce fait se produit fréquemment en Norvège, sur les lignes voisines des bois où habite cet oiseau.

Dans le même pays, et probablement pour la même cause, les ours renversent souvent les poteaux. Très friands de miel, attribuant probablement au bourdonnement des abeilles le bruit produit par la vibration des fils, il arrive fréquemment qu'ils affouillent la base des poteaux et finissent par les faire tomber.

Si les ennemis animaux et végétaux des lignes télégraphiques sont nombreux dans les climats tempérés, que dira-t-on des difficultés de toutes sortes que rencontrent les télégraphistes des contrées tropicales ?

Au Brésil, les poteaux sont rarement plantés, comme en Europe, le long des routes, d'abord parce qu'il y en a peu, ensuite à cause des caravanes de lourds chariots que des bêtes de somme, sans conducteurs, traînent sur les chemins. Les poteaux seraient vite renversés par elles. Le plus souvent, les lignes ont été lancées en pleine forêt vierge, à travers des taillis et des broussailles presque impraticables, au-dessus de marais étendus et de larges fleuves à grandes crues.

Les conditions météorologiques sont une première cause de détérioration. L'air, très chargé d'humidité pendant une partie de l'année, favorise la pourriture des poteaux de bois, l'oxydation des fils et la déperdition de l'électricité. Puis viennent des sécheresses qui durent souvent pendant de longs mois : les poteaux se fendent, et les champignons se développent dans les fentes produites. L'abaissement de température, qui se produit subitement après le coucher du soleil, fait souvent rompre les fils et éclater les isolateurs. Les orages, très fréquents au Brésil, occasionnent de nombreux accidents.

Le développement extraordinaire des végétaux rend l'entretien des lignes très pénible. Les lianes enlacent les poteaux et les fils. Mais c'est surtout le règne animal qui fournit le plus grand nombre d'ennemis du télégraphe. Ce sont d'abord les animaux fouisseurs qui minent les poteaux à leur base et les font tomber ; une martre, l'hyrare (*Galera barbara*), le surilho (*Mephistis suffocans*), qui habitent surtout les forêts vierges ; dans les espaces découverts, les pampas, un animal ressemblant au lapin, mais plus grand, le biracha (*Lagostomos trichodactylus*), qui se creuse des terriers, à nombreuses galeries, sur une étendue de 6 à 8 mètres ; dans la forêt, les tatous ou armadilles, et parmi eux l'armadille géant (*Dasypus gigas*), qui atteint la taille d'un grand porc ; enfin, de nombreuses espèces de singes qui grimpent aux poteaux, se suspendent aux fils, les emmêlent ou les cassent.

L'action des oiseaux est différente. Un grand nombre d'entre eux affectionnent le sommet des poteaux pour y construire leurs nids, faits d'argile, d'herbes et de plumes, qui englobent souvent les isolateurs et les fils et établissent des dérivations, surtout lorsque le temps est humide.

Un oiseau nommé hobereau (*Funarius rufus*), répandu dans presque tout le Brésil, a la spécialité de ces constructions gênantes. Son nid a la forme d'un pot ou d'un four ; il est très artistement construit en terre glaise, il est long de 20 à 22 centimètres, haut de 15 à 18, profond de 10 à 12 ; l'oiseau lui-même a 19 centimètres de longueur. Les hobereaux, le mâle et la femelle, construisent un nid en trois ou quatre jours, surtout en août et en septembre, au moment de la couvée. A peine une ligne est-elle nettoyée, qu'elle est de nouveau couverte de nids.

Les énormes vols d'oiseaux qui circulent après le coucher et avant le lever du soleil se heurtent contre les lignes et les rompent. Les perroquets s'attaquent surtout aux fils de ligature.

Pour être plus petits, les insectes n'en sont pas moins à redouter pour les lignes. Les isolateurs servent, à la plupart d'entre eux, pour l'édification de leurs nids. Plusieurs espèces de guêpes les construisent à l'intérieur et à l'extérieur. Les abeilles tapissières les composent de cellules faites de brins de feuilles, les abeilles maçonnes les construisent avec un feutrage de poils de plante, qui englobe souvent l'isolateur tout entier. Les nids de la *Polybia liliacea* ont quelquefois jusqu'à 1m, 50 de long et 60 centimètres de large.

Passons à l'armée des fourmis. Les termites, ou fourmis blanches, élèvent sur le sol d'énormes nids, en forme de meules à foin, qui ont souvent jusqu'à 5 mètres de hauteur et 15 à 18 mètres de surface à la base.

Ces nids sont en terre glaise, et ils sont souvent réunis en grand nombre les uns à côté des autres. Lorsqu'un de ces villages s'établit au voisinage d'un poteau télégraphique, le pauvre poteau est vite englobé dans les constructions des termites, qui l'attaquent et le transpercent, quelle que soit la dureté du bois. Ces nids sont si durs, qu'ils résistent à la pioche et à la hache. On n'arrive à protéger les bois et les cultures contre la fourmi blanche que par des arrosages à l'aide d'une dissolution d'hydrocarbure nommée *formigera*, qui en détruit un très grand nombre, sans nuire à la végétation.

Au tour des araignées maintenant. L'une d'elles, grosse araignée dont le dos est couvert de taches rouges et d'une croix noire, vit en sociétés nombreuses qui construisent des nids à 60 centimètres les uns des autres. Ces nids sont réunis entre eux ; ils englobent fils, poteaux, buissons, d'un tissu très résistant, qui donne lieu à des dérivations lorsqu'il est imprégné de pluie ou de rosée.

Si l'on songe que, par suite du manque de voies de communication, le transport du matériel est très difficile ; que le personnel ne peut se déplacer facilement et que, de plus, il est exposé aux influences débilitantes et énervantes d'un climat tour à tour sec ou humide avec excès, on voit combien sont grandes les difficultés que rencontrent, dans de telles contrées, la construction et l'entretien des lignes télégraphiques.

Trop heureux les télégraphistes d'Europe, s'ils connaissaient leur bonheur !

Section V

Le câble sous-marin est un organe multiple qui comprend deux parties principales. L'une, essentielle à la transmission, a reçu le nom caractéristique d'*âme*. C'est elle qui est le dépositaire de la pensée en mouvement. Le reste, le corps, ou l'armature, n'est que l'enveloppe destinée à protéger l'âme.

L'âme est formée d'un ou de plusieurs fils de cuivre de la pureté la plus grande, qu'entoure une gaine isolante. Cette gaine doit présenter le double avantage de ne pas être perméable à l'électricité et d'être inattaquable par les éléments qui peuvent l'atteindre, tels que l'eau de mer. La gutta-percha est à peu près le seul corps qui remplisse, à un haut degré, les conditions requises, et c'est, pour les fabricants de câbles sous-marins, une préoccupation qui, en ces derniers temps, est arrivée à l'état aigu, de savoir que les principales sources de production de la gutta-percha seront bientôt taries.

La gutta-percha a un ennemi des plus redoutables. C'est un petit animal marin, le taret, qui s'en nourrit, et qui finirait par mettre le conducteur de cuivre en contact avec l'eau de mer et par y pratiquer, en quelque sorte, une fuite, sans la protection extérieure dont il va être question. L'âme et son isolant sont garnis d'une couche de chanvre formant un épais matelas, sur lequel on enroule, en spirale, une série de fils d'acier, à grande résistance mécanique, serrés les uns contre les autres. Le tout est entouré de toile goudronnée. On forme ainsi un ensemble continu, souple et résistant à la fois, dont l'âme est calculée d'après la distance à franchir, et l'armature d'après les conditions de la pose et la nature des fonds sur lesquels elle doit se développer dans son parcours au sein des océans.

Aux abords des côtes, là où la profondeur est faible, les câbles sont exposés à de nombreux accidents. Les engins de pêche, la quille des navires ou leurs ancres, les menacent sans cesse. Dans les mers froides où, au printemps, descendent, vers le sud, d'énormes masses de glace, il n'est pas rare que ces icebergs, dont la base descend dans les couches inférieures de l'eau, heurtent les câbles sous-marins. Le fait se produit souvent au voisinage du banc de Terre-Neuve.

Pour ces raisons, l'armature doit être très puissante, formée de gros fils d'acier présentant le maximum de résistance, tandis que, dans les grands fonds, où les causes d'usure sont plus rares, elle peut être calculée d'une façon moins rigoureuse.

C'est même une nécessité, dans les profondeurs considérables, d'avoir des câbles réunissant, à la fois, les qualités de résistance indispensables et le maximum de légèreté, car, le câble devant supporter son propre poids, un excès de lourdeur l'exposerait à se briser lui-même.

La fabrication et la pose des câbles sous-marins sont des opérations extrêmement délicates. Le moindre défaut peut rendre infructueuses des dépenses de plusieurs millions, dont on peut dire qu'elles sont véritablement suspendues à un fil. Il n'est donc pas de précaution minutieuse qu'on ne prenne au cours de la fabrication et de la pose.

La pose est, en particulier, un travail d'une nature exceptionnelle qui exige un matériel très compliqué. Elle entraîne l'application simultanée de la science de l'électricien et de connaissances nautiques approfondies. Elle doit être précédée d'une campagne de sondage destinée à dresser la carte de la région sous-marine dans laquelle le câble doit se dérouler, et à donner une idée, aussi exacte que possible, des reliefs et des dépressions que présente le fond de la mer.

L'amirauté anglaise a, depuis longtemps, fait exécuter des mesures de sondage, en vue, surtout, de la pose des câbles dont elle a eu, depuis l'origine, le monopole presque absolu. C'est par ses travaux qu'on a pu être renseigné, d'une façon assez précise, sur la variation des fonds qui s'étendent entre l'Angleterre et l'Amérique, dans la partie où repose un faisceau de douze câbles différents réunissant l'Europe au Nouveau-Monde.

Si l'Océan pouvait être desséché en cette partie, on verrait un sol uni, à pentes douces, pendant 360 kilomètres environ ; puis, un plateau, uniforme sur 1 600 kilomètres, à une profondeur de 4 à 5 000 mètres, formant une cavité, dans laquelle il serait possible de loger le Mont-Blanc ; puis, vers les rivages américains, une déclivité, en sens inverse de la première, sur près de 600 kilomètres. Une voiture pourrait, sans efforts ni obstacles particuliers, franchir cette distance.

Dans les parties où ils reposent sur les fonds, les câbles trouvent ordinairement un sol vaseux, formé d'une boue très onctueuse, dont des détritus coquilliers microscopiques constituent la substance. Cette vase est un abri excellent pour les câbles, qui s'y enlizent et y sont à l'abri de toute cause de détérioration.

Il n'en est pas de même ailleurs, en pleine mer, où les câbles ont de nombreux et terribles adversaires dans les animaux marins, baleines, requins, espadons, etc., qui les heurtent, les mordent et souvent arrivent à les détruire. On a cité le cas d'une baleine qui, dans le golfe Persique, se prit dans la boucle d'un câble, s'y enroula en s'y débattant et, prisonnière, finit par être dévorée par d'autres animaux. La pose des câbles est faite par des navires aménagés en vue de ce travail, de façon à pouvoir emporter, sinon la totalité du câble, du moins la plus grande partie. Le bâtiment porte, en son milieu, de très grandes cuves en fer, dans lesquelles le câble est enroulé sur lui-même, en couches successives. Il sort de ces cuves pour passer sur des appareils qui le dirigent jusqu'au point d'immersion et qui indiquent, à chaque instant, la tension à laquelle il est soumis. Le navire avance ainsi sur sa route, en laissant couler derrière lui le câble, jusqu'au moment où il a épuisé la longueur de la section qu'il a emportée. A ce moment, l'extrémité du câble est attachée à une bouée flottante, d'où l'on repartira pour faire, de la même façon, la pose de la section suivante.

La réunion du bout de câble fixé à la bouée avec le commencement de la section suivante est une opération difficile et minutieuse, dont le succès est capital pour le bon fonctionnement futur de la ligne. Cette réunion est faite par ce qu'en terme du métier on appelle une *épissure*. Elle comporte, d'abord, la réunion intime des âmes du câble qui doivent former un conducteur continu entre les deux points d'atterrissement, puis la juxtaposition successive des divers éléments de protection de l'âme. Pour avoir une idée des précautions que nécessite ce travail, il faut dire que la moindre trace de sueur, sur la main de l'ouvrier soudeur qui l'exécute, peut en compromettre le succès, en empêchant le contact intime des parties à réunir. Il faut que le soudeur, après s'être lavé les mains, les trempe dans un bain de naphte pour avoir les doigts absolument secs et que, cela fait, il n'ait à toucher aucun autre objet, pendant tout le cours de l'opération.

Pour faire fonctionner le câble, lorsqu'il est tout à fait installé, on emploie, pour la transmission des signaux, le système, bien connu, de l'Américain Morse, dont le principe, modifié et très perfectionné depuis, est appliqué sur tous les réseaux.

Primitivement, les ondes électriques consécutives de la transmission venaient agir par un système magnétique sur un petit miroir. Ce miroir oscillait à droite ou à gauche, suivant que le courant, émis par la station, était positif ou négatif, et correspondait aux émissions longues et brèves de l'appareil Morse.

Dans les réseaux où il fonctionne encore, le miroir oscillant reçoit un rayon lumineux qu'il réfléchit sur un écran, et ce sont les variations amplifiées de l'image, qu'il produit, qui forment les lettres et les mots.

Ce système est très fatigant pour les opérateurs, dont il exige, en pleine obscurité, une attention soutenue. En outre, il ne laisse aucune trace des signaux transmis. Aussi lui a-t-on substitué un procédé différent, dans lequel les oscillations sont communiquées à un stylet léger, formé d'un tube très lin rempli d'encre très fluide, qui laisse les traces de son mouvement à droite ou à gauche sur une bande de papier. C'est le *syphon recorder* de Sir W. Thompson (Lord Kelvin).

Les Compagnies télégraphiques sous-marines étudient, en ce moment même, un système nouveau qui permettrait la transmission directe des caractères imprimés. Ce système, dont l'inventeur est M. Ader, nous fournirait des dépêches transatlantiques semblables à celles que transmettent aujourd'hui les grandes artères télégraphiques terrestres.

Section VI

Si la télégraphie électrique a été à son point de départ une invention française, celle de Chappe, et si les noms d'Arago, Ampère, Becquerel, Pouillet sont associés à ses origines ; si la téléphonie a eu pour précurseur, sinon pour inventeur, un ingénieur français, Charles Bourseul ; il faut reconnaître que la télégraphie sous-marine est une invention et a été, jusqu'à ce jour, une industrie presque exclusivement anglaise. Le gouvernement anglais l'a soutenue, développée et subventionnée, avec un soin jaloux, qui mérite d'être imité.

On verra plus loin que la presque totalité des lignes existantes appartient à des sociétés anglaises, et il n'est pas sans intérêt, malgré l'aridité de cette nomenclature, de donner le nom des sociétés, l'indication des lignes qu'elles exploitent et l'importance des capitaux qui sont engagés dans ces entreprises.

Ces Compagnies se divisent en trois groupes principaux : le groupe de l'Amérique du Nord ; le groupe de l'Amérique du Sud ; le groupe d'Orient et d'Extrême-Orient.

Le premier comprend les Compagnies suivantes :

Anglo-American Telegraph, qui possède l'un des câbles atterrissant à Brest, et trois autres câbles entre l'Europe et l'Amérique. Longueur du réseau, 15 200 kilomètres.

Direct United States Telegraph, un câble transatlantique.

Commercial Cable Cy. Entreprise américaine. Trois câbles entre l'Irlande et l'Amérique, 12 700 kilomètres.

Le deuxième groupe est formé par :

Brazilian Submarine telegraph. Deux lignes entre l'Europe et le Brésil, 13 800 kilomètres.

Western and Brazilian Telegraph. Côte atlantique de l'Amérique du sud, de Para à Buenos-Ayres, 10 000 kilomètres.

Le troisième groupe est formé de :

L'Eastern Telegraph Cy, qui possède les câbles de la Méditerranée, de la Mer-Rouge et de la mer des Indes, 47 000 kilomètres.

L'Eastern Extension Australia and China Telegraph, qui est le prolongement, vers l'Extrême-Orient, des lignes de l'Eastern Telegraph Cy, 28 000 kilomètres.

L'Eastern and South African Telegraph, qui prolonge sur les côtes africaines le réseau de l'Eastern Telegraph Cy, 12 000 kilomètres.

Ces trois Compagnies ont une exploitation commune ; à

ces groupes principaux, il faut ajouter un certain nombre de Compagnies secondaires.

Le tableau ci-après indique les capitaux engagés dans ces diverses exploitations anglaises :

		Francs
Europe	Direct Spanish Telegraph	4 500 000
«	Spanish National Telegraph	16 000 000
«	Black Sea Telegraph	2 000 000
«	Europe and Azores Telegraph	5 000 000
«	Anglo-American Telegraph	175 000 000
«	Direct United States Telegraph	32 000 000
«	Commercial Cable	50 000 000
«	Halifax and Bermudes Telegraph	4 250 000
«	Cuba Submarine Telegraph	5 500 000
«	West India and Panama Telegraph	34 000 000
Amérique	Mexican Telegraph	10 500 000
«	Central and South American Telegraph	30 000 000
«	West Coast of American Telegraph	11 500 00
«	Brazilian Submarine Telegraph	35 000 000
«	Western and Brazilian Telegraph	47 000 000
«	South American Telegraph	20 000 000
«	Pacific Telegraph	50 000 000
Afrique	West African Telegraph	17 500 00
«	African Direct Telegraph	13 500 000
«	Eastern and South African Telegraph	34 000 000
«	Eastern Telegraph	152 000 000
«	Eastern Extension Australia and China	11 500 000
«	Indo European Telegraph	78 000 000

Ces diverses Compagnies sont donc propriétaires de 250 000 kilomètres de câbles sous-marins, et d'un capital de 838 750 000 fr. Malgré une situation des plus prospères, elles reçoivent encore du Gouvernement anglais des subventions dont l'ensemble atteint près de 6 millions de francs. L'intérêt de la flotte britannique est en cause, et la sûreté de ses communications navales crée, à juste titre, pour le Gouvernement de la Reine, un souci égal à celui que comporte l'armement même de sa flotte.

Si l'on jette un coup d'œil sur le réseau télégraphique sous-marin du globe, on est frappé par la place infime qu'occupent les câbles français et même ceux des autres nations dans l'enchevêtrement immense du réseau anglais.

Dans la Méditerranée, sont immergés les câbles français reliant Marseille à Oran, Alger et Tunis. A travers l'Atlantique, un seul câble français, entre la France et les Etats-Unis, existe aujourd'hui. Un autre câble, reliant l'Amérique du Sud aux Antilles, appartient également à la France. Et c'est tout !

Dans la mer du Nord, se trouvent quelques câbles qui se dirigent vers le Danemark ; ils sont prolongés par des lignes terrestres, qui traversent la Russie et toute la Sibérie, et vont rejoindre, à Wladivostock, d'autres câbles qui descendent jusqu'à Hong-Kong. Tous ces câbles appartiennent à la grande Compagnie danoise et russe des télégraphes du Nord, compagnie à laquelle s'intéresse particulièrement la famille impériale russe qui y a engagé des capitaux importants.

Qu'est tout cela à côté de l'immense développement des lignes anglaises ? Elles s'étendent partout et enserrent le monde entier dans une véritable toile d'araignée.

Du côté de l'Amérique, un faisceau de dix câbles transatlantiques relie l'Angleterre à Terre-Neuve et au Canada.

Plus bas, vers le sud, trois autres lignes anglaises rattachent le Brésil au Portugal ou à l'Espagne, et, par leurs prolongements, à Londres ; d'autres lignes anglaises s'étendent le long de la côte du Pacifique, dans l'Amérique centrale et dans toutes les Antilles, et complètent ce premier réseau.

Du côté de l'Orient, les lignes anglaises partant de Londres, tournent l'Espagne par Gibraltar, touchent à Malte, traversent la

Mer-Rouge et arrivent à Aden, où elles bifurquent : d'abord, par un faisceau de trois câbles qui se dirigent sur l'Inde et se prolongent par d'autres lignes jusqu'à la Chine, d'une part ; jusqu'à l'Australie et la Nouvelle-Zélande, d'autre part ; ensuite, par une ligne qui descend d'Aden à Zanzibar, et longe la côte orientale d'Afrique, jusqu'au Cap.

Ce réseau oriental est doublé par des lignes mi-sous-marines, mi-terrestres, qui, partant également de Londres, traversent l'Europe et vont aborder l'Inde par le Golfe Persique.

Du côté de la côte occidentale d'Afrique, les lignes anglaises descendent d'abord jusqu'à Bathurst, au-dessous du Sénégal, puis, de là, festonnent le long de la côte jusqu'au Cap. Observez la façon dont ce réseau est constitué. Quelques-unes de ces lignes touchent à des territoires français : Konatry, sur les Rivières du Sud, Grand-Bassam, Kotonou, sur la côte du Dahomey, et Libreville, sur la côte du Gabon, et reçoivent des subventions du gouvernement français. Or, les stations de passage sur lesquelles viennent converger tous ces câbles sont Accra, Sierra-Leone et Bathurst, toutes en territoires anglais. On voit sous quel régime ces stations anglaises peuvent être placées en temps de guerre !

Le développement de cet immense réseau de lignes sous-marines qui embrasse le monde entier, dépasse, comme nous l'avons vu plus haut, 250 000 kilomètres. Il a été construit et posé en trente ans à peine, et chaque année ce réseau s'agrandit encore. Depuis deux ans, il s'est augmenté de 25 000 kilomètres ; depuis cinq ans, de plus de 50 000 kilomètres. Dans trente nouvelles années, il atteindra peut-être 500 000 kilomètres.

La création d'un réseau aussi étendu est bien due à l'initiative de puissantes Compagnies, mais elle doit surtout être attribuée à la clairvoyante protection du gouvernement anglais.

Dès que la possibilité de correspondre à de grandes distances, au moyen de câbles sous-marins, a été démontrée pratiquement, le Gouvernement britannique a compris, en effet, l'incontestable prépondérance commerciale et politique que pouvait lui assurer la création d'un réseau télégraphique qui resterait sous sa dépendance. Il a favorisé de toutes ses forces la constitution de grandes Compagnies, en les aidant fréquemment par de puissants concours financiers, et en les patronnant énergiquement auprès de tous les gouvernements étrangers.

Dans une très intéressante conférence qu'il a faite à l'Union coloniale française, M. J. Depelley, dont la compétence en matière d'exploitation de télégraphie sous-marine est hors de pair, a démontré jusqu'à quel point le concours de l'Amirauté anglaise est assuré à ces entreprises. La plupart des tracés de câbles sont étudiés à l'avance par la marine de guerre. Si l'on se reporte aux cartes marines anglaises, on retrouve facilement dans l'Atlantique les lignes de sondages relevées d'avance autour des Açores et des Bermudes, et indiquant la route que suivront les nouveaux câbles destinés à faire de ces points des centres d'informations maritimes.

Les Compagnies télégraphiques anglaises, qui ont aujourd'hui, comme on l'a vu, un capital de plus de 800 000 millions de francs, réalisent une recette annuelle supérieure à 110 millions de francs, recette qui est une sorte d'impôt prélevé annuellement sur tous les pays qui font usage du télégraphe.

On voit donc que le Gouvernement anglais et les Compagnies de télégraphes ont montré, dans l'établissement de leurs réseaux sous-marins, un sens pratique, une prévoyance et un esprit politique qu'il faut avoir le courage d'admirer ; mais on ne doit pas oublier que leur initiative place les autres puissances coloniales et, en particulier la France, dans une situation déjà grave en temps de paix et qui pourrait être fatale pour notre marine si les circonstances provoquaient une guerre entre les deux pays.

Si improbable, — si peu désirable surtout, quoi qu'en pense M. Chamberlain, — que puisse être un pareil événement, on peut envisager les conséquences qu'aurait, pour un adversaire de la Grande-Bretagne, l'empire qu'elle a conquis sur les mers. Cette prépondérance s'exerce non seulement par l'occupation des points stratégiques comme Gibraltar, Malte, l'Egypte, Aden, Singapore, mais aussi et surtout par la possibilité qu'aurait l'Angleterre de couper instantanément les communications de l'Europe avec toutes les parties du monde, en conservant les siennes. Toutes les nations de l'Europe sont ses tributaires et sont obligées, sauf de rares exceptions, de lui confier la transmission de leurs télégrammes. Dans une circonstance critique, il ne faudrait guère compter sur l'éclectisme qui lui a été reproché lorsque, dans des expéditions coloniales, ses propres troupes ont trouvé devant elles des ennemis munis, par les soins de négociants anglais, d'armes de fabrication anglaise ! Aussi le Gouvernement de la Reine a-t-il pris soin de faire insérer, dans les cahiers des charges, cette quadruple condition :

Que les compagnies de câbles ne devront pas avoir d'employés étrangers ;

Que les fils ne passeront dans aucun bureau étranger et ne pourront être sous le contrôle d'un gouvernement étranger ;

Que les dépêches du gouvernement anglais auront la priorité sur toutes autres ;

Qu'en cas de guerre, le gouvernement pourra occuper toutes les stations du territoire anglais ou sous la protection de l'Angleterre, et se servir du câble au moyen de ses propres agents.

Maintenant qu'il est bien établi qu'aucune dépêche partie d'un point quelconque du globe ne peut atteindre l'Europe qu'à travers le réseau des câbles anglais, imaginons, ce qu'à Dieu ne plaise, comme l'a indiqué M. Henry Bousquet, dans un remarquable ouvrage,[1] que la guerre éclate entre les deux grandes puissances maritimes du monde, l'Angleterre et la France.

Nous n'examinons pas ce qui peut arriver dans la Manche et la Méditerranée. Nous admettons que nos deux escadres y tiennent tête à l'énorme développement des forces anglaises et que les travaux de défense dont ces côtes sont hérissées suffisent à écarter l'ennemi et à le tenir au large. Mais la France n'est pas seulement une puissance continentale. Elle possède un empire colonial, et c'est pour le protéger qu'elle entretient, dans l'Atlantique, dans le Pacifique et dans l'Océan Indien, des divisions navales. Que deviendront ces colonies ? Que deviendront ces navires ?

La déclaration d'hostilités a été faite ; il importe que notre gouverneur général de l'Indo-Chine et le chef de nos forces navales en Extrême-Orient en soient informés aussitôt. La nouvelle est donc télégraphiée. Mais prenez donc la carte des communications sous-marines, vous y verrez que le câble anglais touche à Aden, terre anglaise ; à Bombay, terre anglaise ; à Madras et à Singapore, qui sont bien, si nous ne nous trompons, des terres anglaises. Les

---

1 *La Question des câbles sous-marins en France*, par Henry Bousquet.

télégrammes sont arrêtés et voilà donc nos navires sans nouvelles, sans instructions précises, séparés de la mère patrie par des milliers de lieues, abandonnés à leurs propres forces. Qu'on songe maintenant à la puissance de l'ennemi contre lequel ils doivent lutter. L'escadre anglaise en Extrême-Orient est près de cinq fois supérieure à la nôtre : elle peut, de plus, appeler à son secours les divisions du Pacifique et d'Australie, et jeter, en quelques semaines, sur notre Indo-Chine, une partie de l'armée des Indes. Tandis que les dépêches de notre gouvernement s'arrêtent en route ou arrivent trop tard, l'Amirauté a toute liberté de donner les ordres nécessaires. Il y a là, assurément, un danger sérieux et de nature à rendre singulièrement inégales les chances de la lutte.

De plus, ces stations créées partout, peuplées d'agents anglais, constituent un moyen d'influence précieux. Combien plus précieux encore dans des circonstances telles que les incidents siamois ou marocains, qu'on a encore présents à la mémoire, et où des ruptures de câbles opportunes ou des encombrements miraculeux aboutissaient toujours à ce résultat, que la diplomatie anglaise était la première ou la seule informée de choses que d'autres nations auraient eu un égal intérêt à connaître !

Tout récemment encore, au moment où la flotte américaine cherchait à détruire les escadres espagnoles, on a pu voir le rôle important que joue la possession du câble télégraphique dans la transmission des nouvelles.

Section VII

Depuis quelques années, une agitation s'est produite dans l'opinion en France. Une compagnie puissante a été créée avec l'appui des pouvoirs publics. Une importante société de constructions électriques, la Société industrielle des téléphones, a créé à Calais une usine de fabrication de câbles sous-marins ; elle a ainsi pu entreprendre la pose et l'exploitation des lignes nouvelles qui relient entre eux le Brésil, les petites Antilles, Haïti et la Havane. Le gouvernement de la République, pénétré de l'infériorité de notre situation, a fait, dernièrement, voter par les Chambres de fortes subventions pour faciliter la jonction des deux

Amériques au moyen d'un câble français, et surtout pour créer un nouveau câble transatlantique. Ce câble sera le seul qui reliera directement l'Europe continentale aux Etats-Unis. Sa valeur atteint 20 millions de francs ; il a été construit dans les usines de Bezons et de Calais, sous la direction de M. Léauté, administrateur de la Compagnie et membre de l'Institut. Il est actuellement en voie de pose avec un personnel entièrement français et dirigé par M. Paul Wallerstein, également administrateur de la Société industrielle des téléphones. Un ingénieur, délégué par le gouvernement français, M. Ferdinand de Nerville, est chargé d'accompagner et de con -trôler l'expédition. Il importe de signaler aux futurs historiens de nos communications sous-marines les hommes qui ont attaché leurs noms à la première entreprise sérieuse que la France ait tentée pour organiser son faisceau de communications interocéaniques.

Ce n'est encore là qu'un début relativement modeste, il est vrai, mais qui doit, avant une année, arracher au monopole télégraphique de nos voisins d'outre-Manche nos colonies d'Amérique. Du côté de l'Orient, de l'Extrême-Orient et de l'Afrique du Sud, la situation reste la même, et il faudra un effort sérieux pour obtenir, de ces divers côtés, l'indépendance qui nous fait défaut.

Un tel programme n'est pas impossible à réaliser.

De bons navires ne suffisent pas à- constituer une flotte de défense, il faut encore avoir le moyen de communiquer avec eux. Même au point de vue financier, rien ne devrait entraver le programme du gouvernement français. L'analyse de la situation des principales colonies anglaises montre que les affaires de câbles sous-marins sont de bonnes affaires. On a vu plus haut que le capital engagé dans les sociétés télégraphiques anglaises, qui est de 838 750 000 francs, donne un rendement annuel de 110 millions de francs.

L'intérêt général est, en l'espèce, d'accord avec l'intérêt patriotique. Cette considération doit donner confiance à tous ceux qui ont le souci de la sécurité, de la grandeur et de l'honneur de notre pays.

ISBN : 978-1724440075

www.ingramcontent.com/pod-product-compliance
Lightning Source LLC
Chambersburg PA
CBHW072033230526
45468CB00021B/1733